像我这样做妈妈

——儿童辅食看这里

陈舒 欧茜 著

人民卫生出版社

图书在版编目（CIP）数据

像我这样做妈妈. 儿童辅食看这里 / 陈舒，欧茜著 .
—北京：人民卫生出版社，2016
ISBN 978-7-117-22765-0

I.①像… Ⅱ.①陈… ②欧… Ⅲ.①儿童 – 食谱
Ⅳ.①TS976.31 ②TS972.162

中国版本图书馆 CIP 数据核字（2016）第 136050 号

人卫社官网　www.pmph.com	出版物查询，在线购书	
人卫医学网　www.ipmph.com	医学考试辅导，医学数据库服务，医学教育资源，大众健康资讯	

像我这样做妈妈
——儿童辅食看这里

著　　者：陈 舒 欧 茜
出版发行：人民卫生出版社（中继线 010-59780011）
地　　址：北京市朝阳区潘家园南里 19 号
邮　　编：100021
E - mail：pmph @ pmph.com
购书热线：010-59787592　010-59787584　010-65264830
印　　刷：北京盛通印刷股份有限公司
经　　销：新华书店
开　　本：710×1000　1/16　印张：13.5
字　　数：207 千字
版　　次：2016 年 6 月第 1 版　2016 年 8 月第 1 版第 3 次印刷
标准书号：ISBN 978-7-117-22765-0/R・22766
定　　价：49.00 元

打击盗版举报电话：010-59787491　E-mail：WQ @ pmph.com
（凡属印装质量问题请与本社市场营销中心联系退换）

寄语

　　互联网时代，信息量越大，越令人困惑。近些年来，我们看到家长甄选信息的观念在发生变化，科学、专业、权威的内容更受年轻父母的青睐。很庆幸，一直以来太平洋亲子网始终以提供高品质资讯、导购、网友互动体验为己任，坚持深耕内容，真诚陪伴中国父母和宝宝一起成长。此次与人民卫生出版社合作，联合陈舒、欧茜两位青年优秀专家，将我们的宝宝辅食食谱集结成册，希望能够为妈妈们的辅食制作提供建议，为宝宝们的健康成长提供帮助。

　　愿与天下父母携手，使宝宝的成长之路更具品质。

太平洋母婴事业群执行总经理

2016 年 6 月 20 日

1岁幼儿推荐食谱

1岁3个月幼儿推荐食谱

1岁6个月幼儿推荐食谱

2岁6个月幼儿推荐食谱

3岁幼儿推荐食谱

1岁幼儿推荐食谱

1岁后，孩子开始进入幼儿期，饮食结构将以1岁为节点发生重要的转变：母乳或配方奶不再是主食，食物构成应该逐渐过渡到以一日三餐为主，早晚母乳或其他全脂奶制品为辅。此时孩子的食物制作还是要细、软，便于咀嚼，并且口味清淡一些。

严格来讲，不同月龄小朋友的食谱并没有严格的界限，只是按照食谱大致的细软程度来渐进编排。您可以根据家里易购买到的食材和孩子的咀嚼能力来选择食谱。

材料

- 米饭 1 小碗
- 草鱼 30 克
- 卷心菜 1 片

开始吧！

草鱼卷心菜粥

做法

1. 取草鱼鱼刺较少的部分，冲洗干净之后，放入蒸锅蒸熟。

2. 将蒸熟的鱼肉取出，仔细剔除鱼刺，然后将鱼肉剁碎，剁碎后再小心检查是否有鱼刺。

3. 剥去卷心菜的外层菜叶，取里面的1片菜叶，洗干净之后去掉中间层菜梗，留菜叶剁碎。

4. 取一口小锅，倒入米粥，用大火煮开。

5. 倒入卷心菜末。

6. 倒入鱼末。

7. 再次煮开时，换成小火，将食材煮到软烂状态。

8. 将草鱼卷心菜粥盛入碗中即可。

3

材料

- 大米 50 克
- 鸡腿 1 个
- 黑木耳适量
- 白菜 2 片

开始吧！

鸡肉青菜粥

1岁

 做法

1. 鸡腿洗净，去骨，切成小丁，锅中烧开水，下鸡腿肉丁焯出血沫，倒掉脏水，将鸡腿肉丁清洗干净。

2. 木耳泡发洗净后，切碎。

3. 白菜洗干净之后，切碎。

4. 大米淘洗干净，将鸡腿肉丁、木耳和大米一起放入高压锅中，倒入适量水，盖上锅盖，大火烧至高压上气后转小火压 10 分钟。

5. 关火等高压锅排气后打开锅盖，开火，放入白菜搅拌均匀，加热 30 秒钟。

6. 将粥盛出即可。

材料

- 宝宝面条 10 克
- 鲜蚝 3 个
- 包心菜 2 片

开始吧!

鲜蚝包菜面

1岁

做法

1. 面条入沸水锅中，煮成软烂的面条。

2. 捞出面条盛入碗中，用勺子断成长短适中的小段。

3. 包心菜洗干净，切成丝。

4. 将包心菜丝放入沸水中，焯烫熟。

5. 鲜蚝放入沸水中焯烫熟。

6. 将焯烫熟的卷心菜和鲜蚝铺在面条上，吃时拌匀即可。

材料

- 羊肉 100 克
- 冬瓜 20 克
- 宝宝面条 20 克

开始吧!

羊肉冬瓜面

1岁

 做法

1. 将冬瓜去皮、去籽，洗干净后，切成小块。
2. 将羊肉洗干净，切成块。
3. 将羊肉放入沸水略微焯烫，然后捞出沥干水分。
4. 将羊肉放入炖盅中，倒入适量清水，将羊肉炖煮软烂。
5. 取炖烂的羊肉，剁碎成肉末，取1汤匙的量。
6. 将宝宝面条掰成小段。
7. 取一口小锅，倒入适量清水，冷水入面，大火将面条煮软后，加入冬瓜块，继续煮。
8. 等冬瓜煮软之后，倒入羊肉末，换成小火。
9. 将食材熬煮到软烂状态。
10. 将煮好的羊肉冬瓜面盛入碗中即可。

材料

- 大米 40 克
- 干贝 1 颗
- 鸡肉 30 克

开始吧！

干贝鸡肉粥

1岁

 做法

1. 将鸡肉洗干净之后，剁成肉末备用。

2. 干贝洗干净后，放入水中浸泡软，剥成丝备用。

3. 将大米洗干净，和干贝丝、鸡肉肉末一起放入电饭锅中，加入适量的水。

4. 当粥煮到软烂的状态，即可盛入碗中。

材料

- 白米 60 克
- 三文鱼鱼肉适量
- 紫菜碎 1 汤匙
- 清水 600 毫升

开始吧！

紫菜三文鱼粥

1岁

做法

1. 清洗白米，然后用清水浸泡 1 个小时。

2. 倒入 600 毫升清水将白米煮成粥。

3. 三文鱼用开水烫一下。

4. 捞起后捣成鱼泥备用。

5. 白米煮开后，加入鱼泥继续煮。

6. 稍微煮一下，再加入紫菜碎，将食材煮熟透，即可盛入碗中。

材料

- 白米 15 克
- 糙米 15 克
- 红薯 30 克
- 瘦肉 20 克
- 清水 600 毫升

开始吧！

红薯瘦肉糙米粥

1岁

🍲 做法

1. 将白米和糙米淘洗 2 遍之后，放入水中浸泡约 1 个小时。

2. 将浸泡好的白米和糙米加入清水，熬煮成米粥，盛出一碗米粥备用。

3. 红薯去皮，洗干净之后，切成小块，放入蒸锅中蒸熟，压成泥；瘦肉洗干净，剁成肉末。

4. 取一口小锅，倒入煮好的米粥，煮开之后，放入瘦肉末。

5. 再次煮开的时候倒入红薯泥，换成小火熬煮。

6. 将食材煮软烂，即可将粥盛入碗中。

南瓜肉末糙米粥

1岁

🍲 做法

1. 将糙米洗干净后，放入清水浸泡2个小时。

2. 南瓜削皮去籽。

3. 再将南瓜清洗一遍，然后切成丁状。

4. 瘦肉洗干净，切成小丁状。

5. 将南瓜丁、泡好的糙米和瘦肉加入电饭锅中，加入适量的水，熬煮成粥。

6. 当粥熬煮到软烂的状态即可。

材料

- 香菇 1 朵
- 瘦肉 20 克
- 熟米饭 20 克
- 紫菜少许
- 肉汤 100 毫升

开始吧!

香菇肉末紫菜软饭 1岁

做法

1. 将瘦肉洗干净，切成肉末。

2. 将香菇洗干净，去掉香菇蒂，切成香菇末。

3. 取一口小锅，倒入肉汤煮开之后，放入肉末煮到八成熟。

4. 倒入米饭和香菇末。

5. 等到米饭煮软之后，撒上紫菜碎。

6. 紫菜碎煮软之后，将软饭盛入碗中即可。

材料

- 牛肉 1 小块
- 香菇 1 个
- 油菜 1 棵
- 米饭 1/3 饭碗
- 清水 100 毫升

开始吧！

牛肉香菇油菜饭 1岁

做法

1. 将牛肉洗干净，剁碎。

2. 香菇用清水泡发，去掉香菇蒂，切成香菇碎（如果是鲜香菇直接洗净剁碎）。

3. 将油菜洗干净，取嫩叶部分切碎。

4. 取一口小锅，倒入清水，倒入米饭和牛肉熬煮。

5. 等到牛肉变色，放入香菇和油菜末。

6. 将食材熬煮到软烂时，将牛肉香菇油菜饭盛入碗中即可。

CORN BOWL

CORN BOWL

 材料

- 米饭 1/3 碗
- 红豆 1 汤匙
- 牛肉末 1 汤匙
- 水 100 毫升

开始吧!

红豆牛肉饭

1岁

做法

1. 红豆提前浸泡水中，泡约一上午的时间。

2. 将浸泡的红豆炖煮烂之后，取 1 汤匙的量，研磨成泥状。

3. 选取牛肉瘦肉部分，捣碎，取 1 汤匙的量，锅中倒入 50 毫升清水，将牛肉稍微煮开。

4. 向牛肉中倒入米饭和剩下的清水，一起熬煮。

5. 将米饭煮软之后盛出，舀入红豆泥，吃时拌匀即可。

1岁3个月幼儿推荐食谱

　　1岁3个月的小朋友，食物种类已经逐渐过渡到与成人相同。为孩子选择的食物要营养丰富并且容易消化，要重视动物蛋白的补充，如鱼、肉、蛋和牛奶等。此时孩子的饮食可安排一日三餐，如果两餐之间孩子饿了的话，可以额外加1～2次健康点心。大多数小朋友在这个阶段已经有能力自己拿勺子吃饭了，要放手让孩子尝试，培养自己动手吃喝的能力。

开始吧！

材料

- 肉末 1 汤匙
- 馄饨皮 6 张
- 肉汤 1 小碗
- 紫菜少许

鲜肉馄饨

🍲 做法

1. 将紫菜先泡发，然后用流水冲洗干净。

2. 紫菜沥干水分，切碎备用。

3. 将绞碎的肉末，取少量包入馄饨皮中，捏成小馄饨。

4. 将6个馄饨包好。

5. 将肉汤倒入小锅中，放入包好的馄饨。

6. 将馄饨煮熟，撒入紫菜末，将食材煮熟即可盛入碗中。

材料

- 茼蒿 250 克
- 葱 1 根
- 大蒜 2 瓣
- 盐少许
- 芝麻油 1/2 茶匙
- 植物油 1/2 茶匙
- 熟芝麻 1 茶匙

开始吧！

爽口茼蒿

1岁3个月

做法

1. 茼蒿去掉根部，清洗干净后在清水中浸泡5分钟。

2. 大蒜去皮，切成蒜蓉，青葱洗净切碎。

3. 锅中倒入清水，大火煮开后，放入植物油搅匀，放入茼蒿焯烫1分钟后捞出。

4. 将茼蒿立刻放入凉水中。

5. 待茼蒿温度下降后，捞出充分沥干水分。

6. 将茼蒿切成4厘米长的段，放入容器里，加入蒜泥、葱花、芝麻油和少许盐拌匀后腌制10分钟。

7. 撒上熟芝麻。

8. 拌匀即可。

材料

- 鸡蛋 2 个
- 胡萝卜半根
- 干香菇 2 朵
- 猪肉馅 200 克
- 盐少许
- 淀粉少许

开始吧！

鸡蛋船

1岁3个月

 做法

1. 将蛋在水中煮熟，捞出放凉后剥去蛋壳。

2. 将鸡蛋对半切，用勺子挖出蛋黄。

3. 将胡萝卜去皮，洗干净后切成小丁。

4. 香菇用清水泡发，去掉蒂，切成香菇丁。

5. 将蛋黄、香菇丁、胡萝卜丁放入肉馅中，压碎蛋黄，加入少许淀粉水和盐，搅拌均匀。

6. 将步骤5的馅料填入蛋白中。

7. 将填好的鸡蛋放入蒸锅中，隔水蒸到猪肉变白，馅料熟嫩即可。

材料

- 白米 30 克
- 宝宝奶酪半片
- 土豆 10 克
- 胡萝卜 10 克
- 豌豆 10 克
- 清水 130 毫升

开始吧！

起司蔬菜软饭

1岁3个月

 做法

1. 将白米清洗干净，用清水浸泡约1个小时。

2. 土豆去皮，洗干净后切成5厘米的丁，浸泡在清水中10分钟后捞出。

3. 豌豆洗干净，在沸水中稍微烫一下，然后捞出沥干水分。

4. 胡萝卜去皮洗干净，入沸水稍微烫一下，捞出切碎成小丁状。

5. 将白米、土豆、胡萝卜和豌豆连同水，一起放入电饭锅焖熟成软饭。

6. 将米饭盛入盘中，铺上奶酪片，利用余热让奶酪片溶化即可。

材料

- 通心粉 35 克
- 鸡肉 50 克
- 西蓝花 40 克
- 洋葱 25 克
- 大蒜 1 瓣
- 橄榄油 30 毫升
- 盐少许

开始吧！

西蓝花鸡肉通心粉 1岁3个月

 做法

1. 西蓝花洗干净，掰成小朵，烧开一小锅水，放入西蓝花焯烫 1 分钟，然后捞起，沥干水分。

2. 大蒜去皮，切成末。

3. 洋葱去皮，切成末。

4. 鸡肉洗干净，切成丁状。

5. 通心粉用清水泡软之后，放入开水中焯烫 10 分钟，然后捞出沥干水分。

6. 热油锅，倒入大蒜和洋葱末，用小火爆香 2 分钟。

7. 然后换成大火，倒入鸡肉丁，翻炒至鸡肉变色。

8. 倒入西蓝花和通心粉，翻炒 3 ～ 4 分钟。

9. 调入少许盐，拌炒均匀后将通心粉盛入盘中即可。

材料

- 大米 100 克
- 小米 80 克
- 肉松 1 汤匙
- 虾 3 只
- 清水适量

开始吧！

肉松虾仁稀饭

 做法

1. 将大米和小米淘洗干净，沥干水分。
2. 将大米和小米放入电饭锅中，倒入适量的清水（水和米约是7∶1的比例）。
3. 将米熬煮成黏稠的米粥。
4. 将虾洗干净，剥去虾壳、虾头，挑掉虾线。
5. 处理好的虾放入沸水中焯烫熟，捞出切成小块。
6. 将米粥盛入碗中，铺上肉松，摆上虾肉即可。

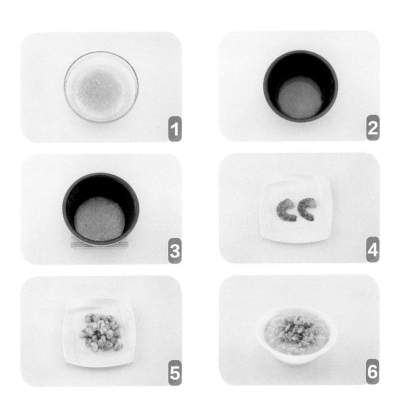

材料

- 山药 2 根
- 胡萝卜半根
- 青豆 1 把
- 葱 1 段
- 姜 1 片
- 盐少许
- 水淀粉 1 汤匙

开始吧!

山药彩蔬丁

1岁3个月

 做法

1. 山药去皮，切成薄片。

2. 青豆洗干净，放入开水中焯烫 1 分钟，然后捞出沥干水分。

3. 胡萝卜洗干净，去皮，切成丁。

4. 葱姜切末，锅烧热倒入油，大火加热，待油温五成热时，放入葱姜末，炒出香味。

5. 放入胡萝卜丁，用中火炒至变色。

6. 接着放入山药丁，炒 1 分钟，期间淋入一点水。

7. 放入青豆，加入少许盐炒匀。

8. 淋入水淀粉，收汁即可盛入盘中。

 材料

- 豆腐 2 块
- 奶酪 1/2 片
- 水 50 毫升
- 酱油少许

开始吧！

素烧豆腐

做法

1. 将少许酱油和水倒入锅中，用小火煮约5分钟。

2. 将豆腐放入酱油水中。

3. 将豆腐煮至酱油收汁。

4. 将奶酪切成小片。

5. 煮好的豆腐摆入盘中。

6. 铺上奶酪片即可。

材料

- 鱼肉 300 克
- 鸡蛋 1 个
- 生粉 15 克
- 清水 60 毫升
- 姜末适量

开始吧！

清蒸鱼饼

1岁3个月

做法

1. 将鱼肉剔骨去刺，切成正方小丁。

2. 鱼丁放入搅拌机中，加入一个蛋清和少量姜末，搅打成鱼泥。

3. 将打好的鱼泥倒入盆中。

4. 往鱼泥中加入生粉、清水，用打蛋器低速搅打上劲约2～3分钟。

5. 取一小碗，将打好的鱼泥取适量装入碗中，用勺背抹平表面。

6. 蒸锅注水煮沸，上汽后将鱼泥放入蒸锅中，大火蒸20～25分钟即可。

材料

- 肉丝 100 克
- 鲜黑木耳 10 克
- 韭黄 100 克
- 大蒜 2 瓣
- 鸡蛋 1 个
- 食用油 2 汤匙
- 盐少许
- 淀粉 1 汤匙

开始吧！

木耳韭黄炒肉丝

1岁3个月

做法

1. 黑木耳洗干净，切成丝。

2. 大蒜拍扁去皮，切成蒜蓉。韭黄洗干净，切成段。

3. 鸡蛋打散成蛋液。

4. 肉丝用淀粉和少许盐腌制约 20 分钟。

5. 热油锅，将蛋液倒入锅中，待蛋液稍微凝固后捞出。

6. 将肉丝快炒到变色，盛起。

7. 爆香蒜蓉，加入黑木耳、韭黄炒熟。

8. 锅中加入肉丝和鸡蛋炒匀至食材熟即可。

材料

- 鸡胸脯肉 200 克
- 豆芽 150 克
- 盐少许
- 白砂糖少许
- 香油少许

开始吧！

鸡丝拌银芽

做法

1. 将鸡肉洗干净，切成细丝。

2. 鸡肉丝放入锅中沸水汆熟，捞出沥干水分。

3. 将豆芽清洗干净，放入沸水中焯烫熟。

4. 将焯烫熟的豆芽捞出，沥干水分。

5. 将豆芽和鸡丝一起放入容器内，加少许盐、白糖拌匀，淋上香油即可。

材料

- 西红柿 4 个
- 黑鱼片 250 克
- 洋葱半个
- 葱 3 根
- 大蒜 3 瓣
- 油 1 茶匙
- 盐少许
- 水淀粉 1 汤匙

开始吧!

茄汁鱼片

1岁3个月

 做法

1. 将黑鱼片洗干净，放入碗中，淋上水淀粉，抓匀，腌制约10分钟。

2. 洋葱和番茄洗干净，切成丁，葱切成葱花，大蒜去皮切成蒜蓉。

3. 热油锅，加入洋葱和大蒜炒出香味，然后放入番茄炒出沙状，加入少许盐调味，继续翻炒至软烂。

4. 倒入适量热开水，大火煮5分钟，汤汁呈现浓稠状。

5. 另起一锅清水烧开，放入鱼片焯熟后，捞出摆盘，将番茄酱汁淋在鱼片上，撒上葱花即可。

材料

- 牛肉 100 克
- 豆腐 1 块
- 香菜 10 克
- 姜 1 片
- 水 600 毫升

- 油 1 茶匙
- 盐少许
- 淀粉 1 茶匙
- 酱油少许

开始吧！

豆腐牛肉汤

做法

1. 将牛肉剁碎，用少许酱油、淀粉腌制10分钟。

2. 豆腐洗净切成小块。

3. 香菜洗净后切成段。

4. 热油锅，爆香姜片，放入豆腐略微煎一下，然后倒入水，煮10分钟。

5. 加入牛肉，用大火煮滚，放入少许盐调匀。

6. 将煮好的豆腐牛肉汤盛入碗中，撒上香菜段即可。

- 黄豆 25 克
- 黑豆 25 克
- 排骨 150 克
- 水 600 毫升
- 盐少许

开始吧！

双豆炖排骨汤

🍲 做法

1. 黄豆洗干净，放入清水中浸泡1个小时。

2. 黑豆洗干净，放入清水中浸泡1个小时。

3. 排骨切块，用水焯烫后，冲去浮沫。

4. 将黄豆、黑豆和排骨放入锅中，加水，将黄豆和黑豆熬煮到软烂。

5. 加入少许盐调味即可盛入碗中。

 材料

- 南瓜 1 块
- 小麦面粉 1 碗
- 荷兰豆适量

开始吧！

南瓜甜豆面片汤

1岁3个月

🍲 **做法**

1. 荷兰豆撕去老筋，择洗干净。

2. 面粉倒入碗中，加入适量清水揉成面团，盖上保鲜膜或湿布饧30分钟。

3. 将面团擀成面饼，再切成条。

4. 南瓜去皮切小丁。热油锅，放入南瓜丁翻炒三四分钟，加入开水，煮十几分钟，至南瓜软熟。

5. 放入甜豆，和南瓜一起翻炒。

6. 把面条在手里捏薄，揪成面片放到滚开的锅里，煮至熟透即可。

材料

- 低筋面粉 100 克
- 砂糖少许
- 泡打粉 5 克
- 牛奶 70 克
- 鸡蛋液 60 克
- 黄油 20 克

开始吧！

原味松饼

 做法

1. 将低筋面粉、泡打粉和砂糖过筛混合，放入碗中。

2. 黄油用微波炉融化到液态。

3. 将牛奶、鸡蛋和黄油放入另外一个锅中，用打蛋器搅拌均匀。

4. 将步骤3中的牛奶黄油倒入步骤1的面粉中，然后不停搅拌，先从中心开始以小圆1秒1圈慢速搅拌，然后加大圆圈范围，直到碗周围的粉都拌进面糊内，没有粉感。

5. 在平底锅锅面上，整层涂上黄油，将面糊分成3份圆形，用小火烤熟。

6. 当正面结成面饼的时候，可以翻面接着烤，直到两面均成形，即可盛盘。

1岁6个月幼儿推荐食谱

1岁6个月的孩子胃容量还很小，而新陈代谢旺盛，正餐的食物很快就会被消化，所以经常需要在两餐之间给孩子吃些健康的点心或零食。注意不要让孩子吃过于香甜、酸辣、刺激性的食物，这样容易造成孩子胃口减退和消化不良。此时孩子的食物还应该做得软些，但由于咀嚼能力越来越强，可由原来的"末、羹、泥"改为"丁、块、丝"。

材料

- 玉米粒 200 克
- 枸杞子 10 克
- 燕麦片 30 克
- 豌豆 20 克
- 菠萝丁 50 克

开始吧！

枸杞玉米五彩羹

1岁6个月

做法

1. 将枸杞子洗净泡软。

2. 菠萝、胡萝卜去皮切丁，玉米粒、豌豆清洗干净。

3. 锅中加入清水适量，放入燕麦片。

4. 燕麦煮到黏稠状。

5. 下入玉米粒、甜豌豆煮软。

6. 再放入枸杞子、胡萝卜煮约 2 分钟。临出锅前，放入菠萝粒即可。

开始吧！

材料

- 饺子皮 6 张
- 鸡肉 1 小块
- 白菜叶 2 片
- 鸡蛋 1 个

鸡肉白菜饺

 做法

1. 将白菜洗干净，切成末。

2. 鸡肉洗干净，切成鸡肉末。

3. 将鸡蛋打散，炒熟，然后搅成细末。

4. 将白菜末、鸡肉末和鸡蛋末放入碗中，拌匀成饺子馅。

5. 将饺子馅放入饺子皮中，包成饺子。

6. 烧开一锅水，下入饺子，再次烧开后加入一小碗冷水，反复3次，直到饺子浮出水面即可。

材料

- 小麦面粉适量
- 南瓜适量
- 青椒 1/3 个
- 红椒 1/3 个
- 鸡蛋 1 个
- 色拉油少许
- 食盐少许
- 高汤少许

开始吧!

南瓜薄饼

🍲 做法

1. 南瓜去皮去籽，洗干净之后，刨成细丝。

2. 青椒、红椒洗干净，去籽，切细丝。

3. 大碗中磕入鸡蛋，搅打成蛋液，放入南瓜丝、青椒丝和红椒丝，搅拌均匀。

4. 蛋液中再加入面粉，调入少许盐，拌匀。

5. 平底锅中加入少许油烧热，舀入适量面糊摊成圆饼，煎至两面金黄。

6. 将煎好的南瓜薄饼盛入盘中即可。

材料

- 泡发木耳 150 克
- 胡萝卜 1 根
- 肉丝 50 克
- 姜 6 片
- 橄榄油 2 茶匙
- 盐少许
- 酱油少许
- 乌醋少许
- 淀粉 1/4 茶匙

开始吧！

姜丝炒木耳

1岁6个月

 做法

1. 将食材洗干净，黑木耳切成丝状。

2. 姜切成姜丝备用。

3. 胡萝卜去皮，洗干净后切丝。

4. 肉丝用淀粉和少许盐腌制 5 分钟。

5. 热油锅，将肉丝煸炒至 8 分熟，捞出。

6. 爆香姜丝，加入黑木耳和胡萝卜丝翻炒均匀。

7. 加入肉丝、少许酱油和乌醋拌炒。

8. 所有食材炒熟即可盛入盘中。

材料

- 松子 20 克
- 口蘑 35 克
- 蟹味菇 35 克
- 草菇 35 克
- 杏鲍菇 35 克
- 大蒜 2 瓣
- 平菇 35 克
- 盐少许

开始吧！

蒜香朵锦菇

1岁6个月

做法

1. 将所有的菇洗干净，将蟹味菇切成小朵，其他菇切成薄片。

2. 将大蒜拍扁去皮，切成蒜蓉。

3. 热油锅，爆香蒜蓉。

4. 加入菇类拌炒。

5. 加入少许盐调味，翻炒均匀即可装盘。

6. 撒上松子即可。

材料

- 丝瓜 400 克
- 鲜百合 20 克
- 枸杞 10 克
- 食用油 1 茶匙
- 盐少许

开始吧！

丝瓜炒百合

 做法

1. 将丝瓜去皮，洗干净后切成小块。

2. 百合剥片，洗干净。

3. 热油锅，将丝瓜炒软。

4. 加入百合一起翻炒。

5. 放入枸杞稍微翻炒，调入少许盐即可。

材料

- 青椒 1 个
- 茶树菇 200 克
- 大蒜 2 瓣
- 盐少许
- 食用油 1 汤匙

开始吧！

茶树菇炒青椒丝

做法

1. 将青椒洗干净，去掉椒蒂和椒籽，切成丝。大蒜去皮，切成蒜片。将茶树菇去掉老根，洗干净，切成小段。

2. 锅中烧开水，放入茶树菇段焯烫约1分钟，然后捞起，过凉水。

3. 茶树菇放凉后捞起，沥干水分。

4. 热油锅，放入蒜片煸炒出香味，然后放入青椒丝。

5. 炒到青椒丝开始变软时，放入沥干水分的茶树菇。

6. 将茶树菇炒到熟透，调入少许盐，拌炒均匀即可。

材料

菠菜 200 克
土豆 100 克
淡奶油 50 克
盐少许

开始吧!

碧菠浓汤

做法

1. 菠菜洗干净，摘掉菜头，放入沸水中焯烫熟，捞出。

2. 土豆去皮，洗干净切块，然后蒸熟。

3. 菠菜和土豆加入搅拌机中。

4. 搅拌机加少许水，将土豆和菠菜搅打成菜泥。

5. 将菜泥倒入锅中，调入少许淡奶油和盐，煮开。

6. 将煮好的菠菜土豆浓汤盛入碗中即可。

材料

豆腐半块
猪肉 150 克
白菜少许
盐少许
姜少许
植物油适量

开始吧！

肉圆白菜豆腐羹

做法

1. 猪肉剁成肉末，加入少许淀粉抓匀。

2. 将豆腐和白菜叶切丝。

3. 肉末搓成小圆子待用。

4. 汤锅加水烧开，放入豆腐丝。

5. 水开略煮 5 分钟，加入白菜丝，加少许盐调味，再次烧开时，放入小肉圆子。

6. 小肉圆子煮熟时，用水淀粉勾薄芡，盛入碗中即可。

日式玉子烧

做法

1. 鸡蛋打成蛋液。

2. 蛋液中调入少许盐、砂糖和牛奶，搅打均匀，且不要打出泡。

3. 油倒入锅中摊平。

4. 倒入部分蛋液铺满锅底，到蛋液快凝固时从上往下卷起，然后整个推到锅子上端。

5. 在锅子下方继续倒入蛋液，并重复以上步骤（即从上往下卷起后推至锅子上端），直至蛋液用完。

6. 盛出做好的蛋卷，切成小块摆盘即可。

材料

- 南豆腐 100 克
- 鸡肉 100 克
- 泡发木耳 50 克
- 葱末 1 汤匙
- 酱油少许
- 水淀粉 1 汤匙
- 食用油 1 汤匙

开始吧!

鸡汁南豆腐

1岁6个月

 做法

1. 将豆腐洗干净，切成小方块。

2. 烧开水，将豆腐放入沸水中焯烫熟，然后捞出，沥干水分，装盘。

3. 鸡肉洗干净，切成肉丁。

4. 热油锅，倒入鸡肉和黑木耳拌炒，调入水淀粉勾芡，调入少许酱油调味。

5. 将炒熟的鸡肉黑木耳淋在步骤2的豆腐上即可。

材料

- 西蓝花 200 克
- 五花肉 300 克
- 盐少许
- 淀粉 5 克
- 水淀粉 20 克

开始吧！

花菜小丸子

 做法

1. 将五花肉末倒入碗中加入少许盐拌匀，再加入 5 克干淀粉拌匀，腌制 10 分钟。

2. 将西蓝花洗干净，用手掰成小朵（可以焯下水再备用）。

3. 腌制好的肉末，取 30 克左右搓成丸子，放在盘中。

4. 丸子中间放上西蓝花，整盘放入蒸锅中隔水蒸熟。

5. 将盘中的汤汁倒入一个小锅中，再倒入水淀粉，煮成勾芡，淋在西蓝花丸子上面即可。

材料

- 鲜奶 100 毫升
- 淡奶油 100 毫升
- 蛋黄 2 个
- 白砂糖 15 克

开始吧！

香浓鲜奶炖蛋

 做法

1. 烤箱预热至 160℃约 15 分钟。将鲜奶和淡奶油倒入锅内煮热。

2. 蛋黄搅打成蛋液，加入白砂糖，搅拌拌匀。

3. 将蛋液倒入加热的鲜奶奶油中，一边倒入一边搅拌。

4. 将鲜奶蛋液过筛。

5. 将鲜奶蛋液倒入碗中，隔水蒸至鲜奶蛋液凝固，即可取出。

材料

- 草菇 100 克
- 豆腐 1/2 块
- 竹笋 35 克
- 香菜 1/2 棵
- 水 400 毫升
- 高汤 200 毫升
- 盐少许

开始吧!

草菇豆腐竹笋汤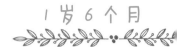

 做法

1. 豆腐洗干净，切小块。

2. 竹笋去皮，洗干净切块，竹笋过沸水焯烫一下，然后捞出。

3. 香菜洗净切小段。

4. 将草菇洗干净，去掉底部，在草菇头划十字。

5. 高汤倒入锅中，加水用大火煮沸，然后放入草菇、豆腐和竹笋，煮滚后换成小火。

6. 待所有食材熟透之后，调入少许盐，撒上香菜即可。

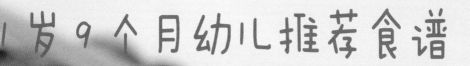

1岁9个月幼儿推荐食谱

1岁9个月的孩子饮食要规律，妈妈要避免让孩子一边吃饭，一边看电视或者玩玩具。可以让孩子坐在餐椅上，并营造吃饭的氛围，注意培养孩子好的饮食习惯。

此时孩子正处于智力发育时期，有些家长会给宝宝添加各种营养补充剂，其实孩子1岁以后可摄入各种天然的食物，只要让他经常吃些深海鱼（如三文鱼、鲑鱼等），就可以不用额外服用营养补充剂。

材料

螃蟹肉 1 小碗
- 玉米 50 克
- 鸡蛋 2 个
- 盐少许
- 淀粉 2 茶匙
- 葱 2 根
- 水适量

开始吧！

蟹肉玉米羹

1岁9个月

 做法

1. 取螃蟹肉 1 小碗备用。

2. 将玉米洗干净之后，剥下玉米粒。

3. 葱洗干净，切成葱花。

4. 鸡蛋打散成蛋液。

5. 玉米先放入沸水中焯烫至断生，然后捞出。

6. 小锅中倒入 4 碗清水，煮开之后放入蟹肉和玉米粒，等到再次煮开的
   时候倒入蛋液，快速散开。

7. 放入少许盐和葱花拌匀。

8. 淀粉加水成勾芡，勾芡倒入锅中。

9. 煮成羹状即可关火，盛入碗中。

材料

- 面粉 200 克
- 胡萝卜 1 个
- 排骨 100 克
- 金针菇 1 小把
- 盐少许

开始吧!

金澄澄胡萝卜面汤

1岁9个月

做法

1. 胡萝卜削皮洗干净后，切成块放入搅拌机中，加入少许清水，搅打成胡萝卜汁。

2. 过滤取胡萝卜汁水备用。

3. 面粉中逐点倒入 100 克胡萝卜汁，直到揉成面团。面团和好后盖上湿布饧 10 分钟，然后再充分捏揉。

4. 案板上撒上干面粉，放上面团，用擀面杖擀成薄片，将面片折叠切丝，切好后用手抖开面条即可。

5. 金针菇洗干净，切成小段。

6. 煮一锅开水，下入面条，等面条浮上水面后，捞出盛入碗中。

7. 将排骨熬煮成骨汤，加入金针菇煮到软，加少许盐调味。

8. 将猪骨汤淋到面条上面，吃时将面条搅匀即可。

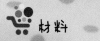 **材料**

胡萝卜 1/4 根
鸡蛋 1 个
食用油 1 茶匙

开始吧！

胡萝卜煎蛋饼

1岁9个月

🍲 做法

1. 将胡萝卜去皮洗净之后，刨成丝。

2. 将鸡蛋磕入碗中，打散成蛋液，将胡萝卜丝倒入蛋液中。

3. 热油锅，倒入胡萝卜蛋液，双面煎熟。

4. 等到鸡蛋完全凝固，将蛋饼盛出即可。

材料

- 鸡蛋 2 个
- 奶酪碎 15 克
- 盐少许
- 黄油 8 克

开始吧！

奶酪炒蛋

1岁9个月

做法

1. 将鸡蛋打散成蛋液，加入少许盐和适量水大力打发，打出气泡后备用。

2. 炒锅内放入黄油，用小火将其融化，倒入搅打好的蛋液。

3. 待蛋液稍微凝固的时候，用锅铲将蛋液向锅中心推。

4. 加入奶酪缓缓翻炒，使其融于蛋液之中。

5. 将鸡蛋炒熟后装盘即可。

材料

- 低筋面粉 100 克
- 香蕉 1 根
- 鸡蛋 2 个
- 板栗 15 克

- 牛奶 50 毫升
- 白砂糖 1 茶匙
- 黄油适量
- 蜂蜜或巧克力酱适量

开始吧!

香蕉栗子薄饼

1岁9个月

 做法

1. 鸡蛋打成蛋液，加入牛奶、白砂糖和低筋面粉。

2. 搅拌均匀，呈面糊状态。

3. 香蕉去皮切成块，放入搅拌机中搅打成香蕉泥。

4. 将板栗隔水蒸熟，然后去壳去皮，切片。

5. 平底锅开小火，用黄油均匀刷一下锅面。

6. 倒入面糊，迅速转锅，做成薄饼。

7. 等到薄饼边缘煎到发黄，倒入香蕉泥、撒上板栗片，出锅前将薄饼对折。

8. 随个人口味淋上蜂蜜或巧克力酱即可。

- 大米 150 克
- 青豆 100 克
- 鸡蛋 150 克
- 番茄酱 20 克
- 盐少许

开始吧！

荷包蛋饭

 做法

1. 鸡蛋打散分开蛋白与蛋黄。蛋黄煎成蛋皮，切成小块备用，青豆焯水备用。

2. 烧热锅，倒入适量油，炒热白米饭，加番茄酱和少许盐拌炒，再加入蛋黄块、青豆翻炒均匀。

3. 预备一个涂过油的深碟，倒出一半蛋白，放进微波炉内，用中火焖1分钟，取出碟子，装入炒饭，再把剩余的蛋白浇在炒饭上。

4. 放进微波炉内，中火焖1分钟取出即可。

材料

- 胡萝卜 100 克
  红甜椒 50 克
  黄甜椒 50 克
- 洋葱 30 克
  盐少许
- 食用油 1 茶匙

开始吧!

胡萝卜彩椒丝

1岁9个月

做法

1. 将食材洗干净，胡萝卜去皮切成丝。

2. 甜椒去籽，切成丝。洋葱切丝备用。

3. 热油锅，先放入胡萝卜丝翻炒一会儿。

4. 放入甜椒翻炒，接着倒入洋葱。

5. 食材炒熟，调入少许盐即可盛入盘中。

- 胡萝卜 1/3 根
- 西芹 1 小把
- 豆腐 400 克
- 山药 40 克
- 淀粉 15 克
- 盐少许

开始吧!

和风彩豆腐

🍲 做法

1. 山药削皮洗净，切成小块，豆腐切成小块，放入搅拌机中，搅打成泥。

2. 胡萝卜切皮后和西芹一起洗干净，都切成小丁。

3. 胡萝卜和西芹放入沸水中焯烫一会儿，捞出沥干水分。

4. 将豆腐山药泥放入碗中，加入胡萝卜和西芹丁，调入少许盐，搅拌均匀。

5. 将豆腐泥放入蛋糕模具中，烤箱预热170℃，豆腐放入烤箱170℃下火烤40分钟。

6. 烤好之后把模具倒过来，取出豆腐冻，让焦色的一面朝下，放凉之后切片即可。

材料

- 茄子 400 克
- 西葫芦 1 个
- 西红柿 2 个
- 洋葱 1/4 个
- 大蒜 3 瓣
- 盐少许
- 食用油 1 汤匙

开始吧!

茄酱西葫芦

做法

1. 将茄子洗干净，去蒂，切成块；西红柿洗干净，去掉蒂头，切成丁状。

2. 西葫芦洗干净，去皮去蒂，剥去籽后切成厚片。

3. 将洋葱去皮切块，大蒜去皮，切成蒜蓉。

4. 锅中倒入适量的食用油，烧热后倒入茄子块，炸到金黄后捞出，沥干油。

5. 锅中留少许油烧热，放入西葫芦片，炒软之后盛出。

6. 锅中再留少许油，烧热，放入洋葱和蒜末炒香，放入西红柿丁，边炒边压出酱汁，然后倒入茄子和西葫芦一起翻炒。

7. 调入少许盐，拌炒均匀即可出锅。

🛒 **材料**

- 茶树菇 200 克
- 西芹 20 克
- 大蒜 2 瓣
- 食用油 1 汤匙
- 盐 1/2 茶匙
- 蚝油少许
- 淀粉 1 茶匙

开始吧！

西芹茶树菇

 做法

1. 茶树菇摘去根部，用清水浸泡约 1 个小时，然后剪成段。

2. 西芹洗干净，切成段，大蒜去皮，切成蒜片。

3. 取一个小碗，倒入少许盐、蚝油、淀粉、油，加入少许清水，搅拌均匀，调成酱汁。

4. 热油锅，倒入蒜片煸炒出香味。

5. 倒入芹菜和茶树菇翻炒。

6. 等到食材断生，调入步骤 4 的酱汁，炒至收汁即可。

材料

- 虾 10 只
- 柚子 2 瓣
- 蔓越莓干适量
- 大蒜 3 瓣
- 鱼露 1 汤匙
- 柠檬汁少许
- 糖 1 茶匙

开始吧！

泰式柚子虾沙拉

1岁9个月

做法

1. 将柚子去掉外皮和白丝，取果肉，将果肉尽量掰散。

2. 将虾洗干净，放入沸水中焯烫熟，捞出，去掉虾壳、虾头，挑掉虾线。

3. 大蒜去皮，切成蒜蓉。

4. 将少许蒜蓉倒入小碗中，倒入鱼露、柠檬汁、糖，搅拌均匀。

5. 在沙拉碗中先铺上柚子，然后放上虾仁。

6. 淋上步骤4调好的酱汁，撒上蔓越莓即可。

材料

- 香菇 5 个
- 鸡胸肉 1 片
- 橄榄油 3 汤匙
- 生抽少许
- 盐少许
- 水淀粉 1 汤匙

开始吧！

香菇鸡肉茸

1岁9个月

做法

1. 将香菇泡发，清洗干净。

2. 将泡发好的香菇去掉香菇蒂，切碎。

3. 鸡胸肉洗净，切丁，调入1汤匙橄榄油，搅匀后腌制5分钟。

4. 炒锅中倒入油，烧到七成热时，放入鸡肉碎，煸炒至肉的表面变成白色。

5. 锅中倒入香菇碎，与鸡肉拌炒均匀。食材炒熟时，调入少许盐和生抽，
   翻炒2分钟。

6. 调入水淀粉，勾芡，煮开即可盛入盘中。

材料

- 豆腐 1 大块
- 香油 1 汤匙
- 肉糜 40 克
- 盐少许
- 酱油少许
- 葱 1 根

开始吧！

鱼香蒸豆腐

 1岁9个月

做法

1. 将少许盐放入肉糜中，略微腌制片刻。

2. 葱洗干净，切成葱花。

3. 豆腐切成片，摆盘，豆腐上铺上腌制好的肉末。

4. 在盘内均匀淋上少许酱油。

5. 将整盘放入蒸锅中，隔水蒸6分钟。

6. 撒上葱花即可。

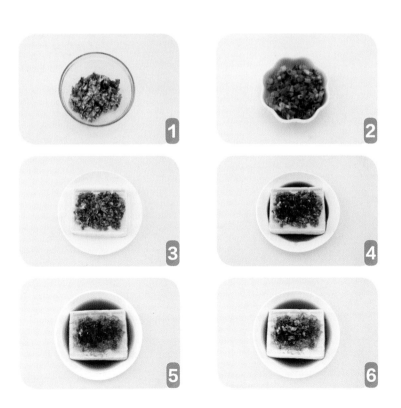

 材料

- 西葫芦 1/5 根
- 胡萝卜 1/5 根
- 西红柿 1/4 个
- 鸡蛋黄半个
- 面粉适量

开始吧！

杂蔬饼

1岁9个月

🍲 做法

1. 将西葫芦洗干净，去皮，刨丝。

2. 胡萝卜洗干净，去皮，刨丝。

3. 将西红柿洗干净，去皮，切成小丁。

4. 碗中倒入适量面粉，调入半个鸡蛋黄液，搅拌均匀成糊状。

5. 将西葫芦、胡萝卜和西红柿倒入面糊中，搅拌均匀。

6. 平底锅均匀抹上一层薄薄的油，烧热之后，放入步骤5的蔬菜面糊。

7. 将面糊摊成面饼。

8. 将摊好的面饼盛入盘中即可。

2 岁幼儿推荐食谱

　　2岁小朋友的食物逐渐以混合食物为主，在三餐的基础上可以给孩子加1～2次点心，少吃多餐，避免高热、高糖的食物，晚餐不要吃得过饱，以免晚间睡眠不安。

　　有的孩子不喜欢吃蔬菜，妈妈就让他多吃点水果，但要注意水果并不能代替蔬菜。多次反复给，态度自然而不强迫，孩子总会慢慢接受多一些蔬菜的。对于幼儿期的小朋友，水果的进食也不能过多，以免影响到其他种类食物的摄入。

材料

- 鲜香菇 3 个
- 西芹 200 克
- 鸡蛋 1 个
- 牛肉 250 克
- 饺子皮 20 张
- 盐少许

开始吧！

香菇牛肉芹菜水饺

2岁

🥢 做法

1. 牛肉洗干净，切成肉末。

2. 西芹洗干净，放入沸水中焯烫。

3. 捞出焯烫好的西芹，切成末。

4. 香菇洗净，去掉香菇蒂，切成末。

5. 将香菇、西芹、牛肉放入锅中，磕入一个鸡蛋，加入少许盐。

6. 馅料用筷子朝一个方向搅拌均匀。

7. 取一张饺子皮，放在手心，中间放入适量的饺子馅。

8. 饺子皮对折，用手将饺子两边打褶按紧到不露馅。

9. 烧开一锅水，放入饺子，烧开后倒入一小碗冷水，反复3次，直到饺子浮出水面关火。

10. 将煮好的饺子盛入碗中即可。

121

🛒 **材料**

- 春笋 500 克
- 荷兰豆 300 克
- 虾仁 100 克
- 蛋清 30 克
- 枸杞 10 克
- 盐少许
- 油适量

开始吧！

春笋青豆炒虾仁 2岁

🍲 做法

1. 将春笋去根去外皮，洗干净之后切成长条。

2. 荷兰豆洗干净撕去菜茎，切成两段。

3. 枸杞先用热水泡开备用。

4. 虾仁去掉虾肠，洗干净后放入蛋清腌制片刻。

5. 将春笋放入沸水中，略微焯烫后捞出。

6. 虾仁过油锅断生。

7. 热油锅，放入春笋条、荷兰豆、虾仁和枸杞翻炒均匀。

8. 食材熟后，放入少许盐调味即可。

材料

- 鸡蛋 2 个
- 洋葱半个
- 葱 1 小把
- 盐少许
- 油 1 汤匙

开始吧!

洋葱炒蛋

2岁

做法

1. 将鸡蛋磕入碗中。

2. 将葱去掉头部的硬皮，洗干净之后切成约5厘米的段。

3. 将洋葱洗干净之后，切成细条。

4. 将鸡蛋打散成蛋液，倒入1汤匙清水，搅拌均匀。

5. 将半汤匙油倒入锅中，用大火加热到七成热的时候，倒入鸡蛋液，炒成金黄色盛出备用。

6. 再倒入半汤匙油，将油加热到五成热的时候，放入洋葱丝，改成中小火，炒至洋葱变软。

7. 调入盐翻炒均匀，再倒入炒好的鸡蛋。

8. 再倒入葱段，翻炒四五次，将炒好的洋葱蛋盛入盘中即可。

材料

- 米饭 1 碗
- 海苔 1 张
- 肉松 30 克
- 黄瓜半根
- 胡萝卜半根
- 盐少许
- 寿司醋 20 毫升
- 白砂糖 5 克

开始吧！

小花寿司

2岁

🍲 做法

1. 米饭中倒入少许盐、寿司醋和白砂糖，拌匀备用。

2. 黄瓜用少许盐来回搓表面，然后用流水冲洗干净，切成条。将胡萝卜洗干净去皮，切成长条。

3. 胡萝卜条放入沸水中略微焯烫，然后捞起。

4. 寿司帘上面铺上一张海苔，铺上米饭，离海苔上部约 1/4 的位置不要铺米饭。将铺好的米饭用勺子压平。

5. 在米饭的下端依次摆上胡萝卜条、黄瓜条、肉松。

6. 卷起寿司帘。

7. 将卷好的寿司切小块即可。

材料

- 日式拉面 100 克
- 鸡蛋 1 个
- 西红柿半个
- 白菜 2 片
- 牛肉丝 50 克
- 洋葱 1/4 个
- 大蒜 3 瓣
- 老抽少许
- 海苔少许
- 食用油 2 茶匙

开始吧！

日式炒拉面

2岁

做法

1. 将西红柿、白菜、洋葱洗干净，切成丝备用，大蒜剥去蒜皮，海苔剪成丝备用。

2. 烧开水，将面条焯烫至八成熟，然后捞起，过凉水，沥干水分备用。

3. 热油锅，放入大蒜热出香味。

4. 放入洋葱、西红柿和牛肉丝，拌炒均匀。

5. 牛肉炒到变色时，放入白菜丝和焯烫过的面条，一起翻炒。

6. 淋入少许老抽，继续炒，让食材均匀的入味和上色。

7. 将炒好的面条盛入盘中或碗中。

8. 另起一油锅，磕入鸡蛋，将鸡蛋煎成荷包蛋，然后铺在面条上面。

9. 将海苔丝撒在面条上面即可。

虾仁蔬菜吐司卷 2岁

做法

1. 吐司切去四边的硬边。

2. 烧开水，调入少许盐，放入虾焯烫熟，捞出，剥出虾仁。

3. 用擀面杖将步骤 1 的吐司稍微压平。

4. 生菜洗干净，沥干水分后，铺在吐司上。

5. 虾仁放在生菜叶上面。

6. 将吐司卷起来，封口处蘸上一点凉开水固定，然后卷一圈海苔片即可。

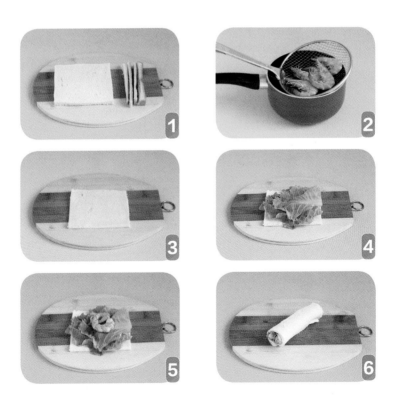

🛒 材料

米饭 1 碗
番茄半个
胡萝卜 1 段
鸡蛋 1～2 个
盐少许

开始吧！

胡萝卜番茄饭卷

2岁

做法

1. 番茄、胡萝卜分别去皮切碎放入碗内。

2. 将番茄和胡萝卜倒入米饭中搅拌均匀,隔水蒸5分钟。

3. 鸡蛋磕入碗中,搅打成蛋液。

4. 平底锅内放一点油,将鸡蛋液倒入,迅速旋转,摊成蛋饼。

5. 将蛋饼铺在盘上,铺上适量的番茄胡萝卜米饭。

6. 将蛋皮卷起,切段即可。

材料

- 虾 1 碗
- 大米 1 把
- 干香菇 4 个
- 鲜玉米粒 1 把
- 豌豆 1 把
- 姜适量
- 盐少许

开始吧！

田园鲜虾粥

2岁

做法

1. 香菇用 40℃的温水浸泡 2 个小时后，挤掉水分，切丝。

2. 玉米粒、豌豆粒洗净备用。

3. 虾剥壳取虾仁，调入白胡椒粉和姜丝腌制 10 分钟。

4. 大米淘洗干净，倒入锅中，加入适量清水，煮成米粥，然后放入香菇和虾仁。

5. 倒入玉米和豌豆，食材煮软后调入少许盐，即可盛入碗中。

材料

- 大米 80 克
- 青豆 30 克
- 排骨 500 克
- 姜 3 片
- 蟹柳 5 根
- 盐少许

开始吧!

排骨蟹柳粥

2岁

做法

1. 将排骨清洗干净，斩成小块，放入沸水中焯烫后捞起。

2. 青豆清洗干净。

3. 蟹柳棒剥去包装待用。

4. 将大米后放入锅中，按照大米：水 =1：8 或者 1：10 的比例加入清水，煮开之后放入排骨，换成小火，煮 20 分钟，然后加入青豆。

5. 焖煮到米粒软熟的时候加入姜丝和蟹柳。

6. 再用小火熬煮 5 分钟左右，调入少许盐拌匀即可。

小白菜炒香菇

2岁

做法

1. 将小白菜去掉根部，清洗干净之后，切成段。

2. 鲜香菇洗干净，去掉蒂，大蒜去皮，切成蒜蓉。

3. 热油锅，爆香蒜蓉。

4. 放入香菇炒香。

5. 放入小白菜拌炒均匀。

6. 加入少许盐调味，再略微翻炒即可。

139

材料

- 香菇 4 个
- 腐竹 50 克
- 姜片 2 片
- 盐少许
- 食用油 1/2 汤匙

开始吧!

腐竹香菇汤

2岁

🍲 做法

1. 将香菇和腐竹放入清水中泡软。

2. 泡软的香菇去蒂，切碎，腐竹切小段。

3. 热油锅，放入姜片煸炒。

4. 倒入适量的清水，放入香菇片。

5. 煮5分钟之后，放入腐竹段，将食材煮熟。

6. 调入少许盐，拌匀，即可盛入碗中。

材料

- 基围虾 10 只
- 西蓝花半棵
- 大蒜 5 瓣
- 盐少许
- 油适量

开始吧!

鲜虾西蓝花

2岁

做法

1. 将基围虾去虾头、虾壳和虾肠后冲洗干净。

2. 大蒜去皮，切成蒜蓉。

3. 西蓝花洗干净后，掰成小朵，放入沸水中焯烫约2分钟后捞出，沥干水分。

4. 热油锅，倒入蒜蓉爆香。

5. 将西蓝花和虾倒入炒锅中，大火翻炒到虾变色，调入少许盐。

6. 翻炒到食材熟透即可关火，将菜盛入盘中。

材料

- 杏鲍菇 50 克
- 蟹味菇 50 克
- 口蘑 50 克
- 鲜香菇 50 克
- 金针菇 50 克
- 瘦肉 50 克
- 葱 1 根
- 盐少许

开始吧！

杂菌汤

做法

1. 将瘦肉洗干净，切成肉片备用。

2. 葱洗干净，切成葱花。

3. 杏鲍菇洗干净切成丁。

4. 蟹味菇、口蘑和鲜香菇切成片。

5. 金针菇洗干净，切成小段。

6. 将鲜菇放入锅中，加入适量的水，大火煮开。

7. 杂菇汤煮出味道后，加入肉片焯煮片刻，加少许盐调味。

8. 出锅后撒上葱花即可。

材料

菠菜 150 克   ● 水淀粉 1 汤匙

猪肉 150 克   ● 盐少许

酱油少许   ● 芝麻油适量

开始吧！

菠菜丸子汤

做法

1. 猪瘦肉洗净，剁成泥，放入大碗中。调入适量芝麻油、水淀粉和少许酱油拌匀。

2. 将调好味的肉末捏成肉丸子。

3. 菠菜去根、黄叶，洗净，焯水后切段。

4. 锅中倒入清水，煮开之后，放入肉丸子煮熟。

5. 放入菠菜段，调入少许盐，拌匀。

6. 将煮好的菠菜丸子汤盛入碗中即可。

2岁6个月幼儿推荐食谱

2岁半宝宝的消化吸收能力已经比较完善，乳牙也基本长齐，食物的范围扩大了很多。此时，可以让宝宝适量吃点粗粮，如玉米、小米、燕麦等。粗粮中含有丰富的营养物质，如B族维生素、氨基酸、无机盐等，能满足宝宝营养多样化的需求，但注意不能吃得太多。

材料

- 白米饭 1 碗
- 菠菜 3 棵
- 胡萝卜 1 根

开始吧！

多彩米饭团

2岁6个月

 做法

1. 将菠菜洗干净，放入沸水中焯烫熟，捞出沥干。

2. 将菠菜放入搅拌机中，加入少量水，搅打成菜泥，搅拌机的杯清洗干净。

3. 胡萝卜削皮洗干净，切成两半，放入沸水中焯烫熟。

4. 将一半胡萝卜切小，放入搅拌机中，加入少量水，搅打成胡萝卜泥。

5. 将米饭分成两份，分别加入胡萝卜泥和菠菜泥，搅拌均匀。

6. 将米饭放入模具中，将米饭压实成形，然后叠加。

7. 将剩下的胡萝卜用花朵或者星星的模具压出可爱的形状。

8. 将胡萝卜片插在饭上面，点缀即可。

材料

- 饺子皮 20 张
- 黑米 50 克
- 大米 50 克
- 小米 50 克
- 胡萝卜 50 克
- 青椒 30 克
- 鸡蛋 1 个
- 芝麻油 30 克
- 盐少许

开始吧！

米饭饺子

做法

1. 将黑米、大米和小米淘洗干净。

2. 将各种米混合在一起煮成米饭，然后盛出放凉。

3. 青椒洗净去籽，切成丁状。

4. 将胡萝卜削皮洗净，切成丁状。

5. 鸡蛋打散成蛋液，倒入锅中炒散，盛入碗中，加入米饭、青椒和胡萝卜，调入少许盐和芝麻油，拌匀。

6. 将步骤5中的米饭馅料包入饺子皮中，捏成饺子形状。

7. 将饺子放入蒸锅，隔水蒸8分钟，再焖3分钟。

8. 将焖熟的米饭饺子盛入盘中即可。

材料

- 淀粉 150 克
- 鳕鱼 300 克
- 胡萝卜 50 克
- 西蓝花 50 克
- 鸡蛋白 20 克
- 色拉油适量
- 盐少许

开始吧！

鳕鱼蔬菜饼

2岁6个月

 做法

1. 将鳕鱼去掉鱼皮，鱼肉搅打成鱼泥，打入一个蛋清，加入淀粉搅拌均匀。

2. 将胡萝卜、西蓝花切碎末，放入鱼泥里，调入少许盐搅拌均匀。

3. 平底锅涂一层油，倒入适量鳕鱼面糊，摊成两面金黄的薄饼，盛入盘中。

4. 将鳕鱼蔬菜饼切块，摆盘即可。

开始吧!

材料

- 虾 8 只
- 鸡蛋 2 只
- 小青菜 50 克
- 盐少许

鲜虾蛋饺汤

 做法

1. 鸡蛋打散备用。

2. 虾洗干净，剥出虾仁。

3. 热油锅，舀一小勺蛋液，摊在锅中，在鸡蛋尚未凝固时加入虾仁和少许盐。然后把鸡蛋对折成蛋饺状，翻转后反面略煎一下，盛出备用。

4. 锅内加入水，烧开后下入蛋饺煮2分钟，放入小青菜。

5. 煮沸后加入少许盐，即可盛入碗中。

材料

- 甜玉米 1 根
- 小麦面粉 100 克
- 胡萝卜 2 个
- 鸡蛋 2 个
- 色拉油适量
- 盐少许
- 小葱适量

开始吧!

胡萝卜玉米小蛋饼 2岁6个月

做法

1. 甜玉米剥粒，胡萝卜切小丁，小葱切末。

2. 锅中放适量油，下玉米粒和胡萝卜丁，翻炒3～4分钟，至熟。

3. 将炒熟的玉米粒和胡萝卜丁装入大碗中，加入2个鸡蛋，打散。

4. 蔬菜蛋液中加入3～4汤匙面粉，再加入葱花和少许盐，拌匀。

5. 热油锅，舀起一勺面糊，垂直、缓缓地加入锅子里，形成圆饼。

6. 小火煎至面糊凝固，翻个面，继续煎至熟透即可盛入盘中。

材料

- 芥菜 350 克
- 枸杞 10 颗
- 鲜百合 10 克
- 蒜末少许
- 高汤 200 毫升
- 盐少许
- 油适量

开始吧!

上汤芥菜

2岁6个月

做法

1. 将芥菜洗干净，切成长段。

2. 枸杞洗净，用温水泡软，鲜百合洗干净掰成小片备用。

3. 热油锅，炒香蒜末。

4. 放入芥菜和百合一起翻炒到软。

5. 倒入高汤，用大火煮开。

6. 加入枸杞，换成小火焖煮2分钟左右，最后加少许盐调味，翻炒均匀即可。

161

北豆腐 150 克
西红柿 1 个
番茄酱适量
奶酪 1 片
淀粉 20 克
盐少许
糖少许

开始吧！

茄汁豆腐小丸子 2岁6个月

🍳 做法

1. 把豆腐以及奶酪捣碎，拌匀后加入淀粉和少许盐，拌成细泥状。

2. 取豆腐泥放入手心，捏成丸子状，然后放入凉水中焯烫 1 分钟，捞出。

3. 西红柿洗净后切小块，油加热到五成热时，放入西红柿块，中火炒 1 分钟后放入番茄酱，炒至酱状，调入少许糖。

4. 将煮好的豆腐丸子倒入锅中，让豆腐丸子充分吸收番茄酱。

5. 将煮好的茄汁豆腐小丸子盛入盘中即可。

材料

- 山药 150 克
- 葱 1 根
- 牛肉 120 克
- 鸡蛋 1 个
- 食用油 2 茶匙
- 酱油少许
- 盐少许

开始吧!

山药炒牛肉

 做法

1. 将牛肉洗干净，切片，加入蛋清和少许酱油腌制 20 分钟。

2. 葱洗干净，切成葱段，山药去皮，洗净切片。

3. 热油锅，将牛肉放入锅中煸炒，然后盛入盘中。

4. 爆香葱段，加入山药炒熟。

5. 再加入牛肉略微翻炒拌匀。

6. 调入少许盐，拌炒均匀之后盛入盘中即可。

材料

- 鸡蛋 1 个
- 番茄酱少许
- 食用油 1 茶匙

开始吧!

番茄酱煎蛋

做法

1. 将油倒入平底锅中，铺平。

2. 将鸡蛋磕入碗中。

3. 然后将鸡蛋贴着锅放低，慢慢倒入锅中，最后将蛋白稍微拖长。

4. 用小火将蛋白煎熟，等到一面煎好后，翻面接着煎，将煎好的鸡蛋摆入盘中。

5. 如果不是挤出式的番茄酱，可以将番茄酱放入保鲜袋中，一头剪一个小口，或者用裱花袋，画上鱼骨的形状。

6. 点缀上眼睛即可。

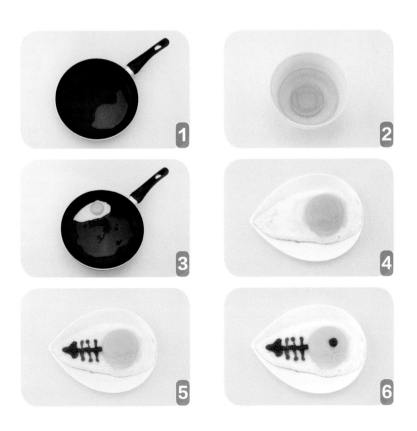

材料

- 猪小排 500 克
- 橙子 2 个
- 盐适量
- 酱油适量
- 柠檬汁少许
- 白糖适量

开始吧！

橙香小排

2 岁 6 个月

 做法

1. 橙子榨出橙汁备用。

2. 猪小排剁小块，放入沸水中焯烫，然后捞出，冲去浮沫。

3. 另起一锅，倒入橙汁，加入少许橙皮及一大碗开水煮开。

4. 向橙汁中倒入猪小排，换小火炖 45 分钟。

5. 加入少许盐、糖、酱油和柠檬汁调成的料汁，猪小排彻底入味时，即可盛入碗中。

材料

- 鸡肝 30 克
- 瘦肉 30 克
- 鸡蛋 1 个
- 盐少许
- 芝麻油 1/2 茶匙

开始吧！

鸡肝肉饼

2岁6个月

做法

1. 鸡肝和瘦肉洗净后，沥干水，剁成肉末。

2. 将鸡肝末、瘦肉末和蛋清准备好。

3. 鸡肝末和瘦肉末用蛋清拌均匀。

4. 调入少许盐和芝麻油，拌匀。

5. 将拌好的鸡肝瘦肉末放入锅中，蒸熟。

6. 将蒸熟的鸡肝肉饼取出即可。

材料

- 山药 100 克
- 虾仁 150 克
- 红甜椒 20 克
- 葱 1 根
- 黄甜椒 20 克
- 大蒜 2 瓣
- 食用油 2 茶匙
- 盐少许

开始吧！

彩椒山药炒虾仁

做法

1. 山药削皮，洗干净后切成小块。

2. 红甜椒和黄甜椒洗干净后去掉籽，切成小块。

3. 虾仁去虾肠，洗净。

4. 大葱切段，大蒜去皮切成蒜蓉。

5. 热油锅，爆香葱段和蒜蓉。

6. 加入虾仁拌炒。

7. 加入山药、甜椒炒熟。最后加入少许盐调味即可。

材料

- 牛蒡 1/2 支
- 红萝卜 50 克
- 白萝卜 50 克
- 西红柿 1 个
- 香菇 4 朵
- 水 600 毫升
- 盐少许

开始吧！

缤纷五蔬汤

 做法

1. 白萝卜去皮，洗干净切块。

2. 将牛蒡洗净，去皮切成长段。

3. 胡萝卜去皮，切块，番茄洗净切大块。

4. 香菇洗干净，去掉蒂。

5. 所有材料放入锅中，加水，约煮30分钟。

6. 等到所有食材煮熟，加入少许盐调味即可。

- 豌豆 50 克
- 虾 5 只
- 色拉油 2 茶匙
- 盐少许
- 鸡蛋清适量
- 胡椒粉少许

开始吧!

豌豆虾丸汤

 做法

1. 豌豆洗干净，放入沸水中焯烫熟，捞出沥干水分。

2. 将豌豆放入搅拌机中，搅打成泥。

3. 虾剥出虾仁，剁成虾泥。

4. 将虾泥和豌豆泥混合，加蛋清、少许盐和胡椒粉，搅拌均匀。

5. 烧开水，调入色拉油，用勺子舀出豌豆虾泥，甩到锅中。

6. 等豌豆虾丸煮熟，汤中调入少许盐，即可盛入碗中。

177

3 岁幼儿推荐食谱

　　3岁宝宝正是长身体的时候，为了维持宝宝的正常生理功能和生长发育的需要，要注意碳水化合物、脂肪和蛋白质这三大营养素的合理配比。其中，碳水化合物应占总能量来源的50%~60%，可从谷类、蔬菜、水果中获得；脂肪应占30%~35%，主要来源为肉、蛋和动植物油等；蛋白质则占12%~15%，主要来源为瘦肉、蛋、鱼、奶制品和豆制品等。

材料

- 面粉 500 克
- 猪肉馅 250 克
- 水发香菇 6 朵
- 大葱 1 根
- 姜 1 块
- 温水 250 毫升
- 清水 80 毫升

- 盐少许
- 老抽少许
- 香油 1 茶匙
- 白胡椒粉 1/4 茶匙
- 米醋 2 汤匙
- 淀粉 1 茶匙

开始吧！

鲜味锅贴

3岁

做法

1. 将葱、姜、香菇分别切成末，放入一个深的容器。

2. 将肉馅、葱和姜放入碗中，分几次倒入80毫升的清水，顺着一个方向用力搅拌，直到肉馅将水分充分吸收。

3. 向搅拌好的肉馅中放入少许盐、老抽、白胡椒，再倒入切好的香菇末，最后倒入香油，搅拌均匀。

4. 面粉中一边一点点倒入温水，一边用筷子搅拌，待面粉呈雪花状后揉成光滑的面团，盖上保鲜膜，饧20分钟。

5. 将饧好的面团揉成细长条状，均匀分割成小团，按扁后，用擀面杖擀成直径为5厘米的面皮。

6. 把肉馅放入面皮中，拇指和食指捏住面皮中间，形成两边敞口，中间封口的锅贴。

7. 平底不粘锅烧热后，倒入油，小火加热，放入锅贴加盖煎。

8. 煎至底部煎硬，锅贴皮呈半透明状后，加入小半碗水，再次盖上锅盖，用水蒸气将锅贴上部蒸熟。

9. 水烧干后，淋入少许油，将底煎脆即可盛入盘中。

材料

- 乌冬面 100 克
- 生菜 1/2 棵
- 西红柿半个
- 玉米 20 克
- 鸡蛋 1 个
- 葱 1 根
- 高汤 500 毫升
- 盐少许

开始吧！

杂蔬乌冬面汤 3岁

做法

1. 将西红柿洗干净，切片。生菜洗干净，掰开。葱洗干净，切成葱花。玉米粒洗干净，沥干水分。

2. 将高汤倒入汤锅中，煮开之后，放入乌冬面和玉米粒。

3. 等乌冬面煮到八分熟的时候，放入西红柿片，打入一个鸡蛋，划开。

4. 等乌冬面煮熟后，放入生菜，调入少许盐，拌匀。

5. 将煮好的杂蔬乌冬面倒入碗中。

6. 最后撒上葱花即可。

开始吧！

杂蔬炒面

3岁

 做法

1. 洋葱洗干净，切丝。

2. 胡萝卜去皮洗净切丝，卷心菜洗干净切丝。

3. 猪里脊肉洗干净，切丝备用。

4. 鸡蛋打散成蛋液，放入锅中摊成蛋饼，切丝。

5. 面条隔水蒸 10 分钟，然后取出拌入芝麻油。

6. 热油锅，放入肉丝炒至变色。

7. 接着放入洋葱丝、胡萝卜丝和卷心菜丝一起拌炒，调入少许生抽和盐
   拌炒均匀。

8. 倒入蛋皮和蒸好的面条，将食材均匀拌炒熟，即可盛出。

材料

- 菠萝 1 个
- 三文鱼 50 克
- 米饭 1 小碗
- 洋葱半个
- 鸡蛋 1 个

- 蟹味菇少许
- 青椒半个
- 黑胡椒粉少许
- 盐少许

开始吧！

三文鱼菠萝炒饭 3岁

做法

1. 热油锅，磕入鸡蛋，在锅中将鸡蛋炒散后盛出。

2. 菠萝果肉和三文鱼切丁，蟹味菇和洋葱洗净后切丁，青椒洗净，去籽切丁。

3. 热油锅，倒入洋葱炒出香味，再倒入青椒丁炒1分钟。

4. 倒入米饭，炒散开。

5. 倒入三文鱼丁和蛋碎，翻炒均匀。

6. 将食材炒熟，撒入少许盐翻炒均匀，盛入碗中即可。

材料

- 鸡腿 2 个
- 米饭 2 碗
- 盐少许
- 酱油少许
- 香醋 1/2 汤匙
- 蚝油少许
- 蜂蜜 1 汤匙
- 鱼露 1/2 汤匙
- 白胡椒粉 1 茶匙

开始吧!

照烧鸡腿饭

3岁

 做法

1. 将鸡腿洗干净，去掉骨头。

2. 将鸡腿肉放入碗中，倒入蚝油和盐，盖上盖子，放入冰箱冷藏至少 2 个小时，直到鸡腿入味。

3. 烧热煎锅，开小火，将腌制好的鸡腿放入煎锅中煎，将鸡腿煎熟。

4. 将米饭盛入碗中。

5. 将煎好的鸡腿铺在米饭上，淋上酱汁（用少许盐、蚝油、蜂蜜、酱油、鱼露、白胡椒粉和少量的水调制）。

6. 可以随个人口味在鸡腿饭旁边摆上青菜或水果。

材料

- 乌冬面 150 克
- 西红柿 1 个
- 青椒半个
- 猪里脊肉 50 克
- 洋葱 1/4 个
- 盐少许
- 生抽少许
- 水淀粉 1 汤匙
- 番茄酱 1 汤匙

开始吧！

丁丁炒乌冬面

3岁

做法

1. 猪里脊肉切丁，用水淀粉抓匀腌制 15 分钟。

2. 热油锅，放入肉丁炒变色后，放入青椒丁炒软，然后盛出。

3. 西红柿去皮，切成小块状。

4. 热油锅，放入洋葱丁炒香后，倒入西红柿，用小火炒至黏稠状。

5. 把炒好的青椒肉丁倒入番茄酱中，加入少许盐、生抽和番茄酱调味。

6. 乌冬面焯烫熟，盛入碗中，淋上步骤 5 的酱汁即可。

鸡丝凉面

3岁

做法

1. 把黄瓜、胡萝卜切丝，香菜切碎，绿豆芽洗净，将蔬菜都烫熟备用。

2. 在碗／碟底摆放好蔬菜。

3. 面条煮熟，过凉开水，然后铺在蔬菜上面。鸡胸肉煮熟，撕成肉丝，铺在面条上面。

4. 将少许盐、香油、蒜泥、白砂糖、陈醋和花生酱调成酱汁，淋在面条上面，吃时拌匀即可。

材料

- 五花肉 150 克
- 虾仁 150 克
- 鸡蛋 1 个
- 香菇 4 个
- 黑木耳 30 克
- 饺子皮 10 张
- 生抽少许
- 盐少许
- 胡椒粉少许
- 生粉 1 茶匙
- 芝麻油 2 茶匙

开始吧！

干蒸烧卖

3岁

做法

1. 将香菇和黑木耳放入水中泡发，然后洗干净，切碎备用。

2. 将虾洗干净，去掉虾头、虾线和虾壳，取 100 克的量剁碎，另外 50 克虾仁保持完整备用。

3. 五花肉洗干净，剁成肉末。

4. 将五花肉末、虾泥放入碗中，加入黑木耳碎和香菇丁，调入少许生抽、盐、胡椒粉和生粉，搅拌均匀。

5. 磕入一个鸡蛋，再调入芝麻油，拌匀。

6. 取一张饺子皮放在手心中，中间放入适量的馅料。

7. 用拇指和食指将饺子皮收口，馅料用手按平，然后放上半只虾仁，用手按紧实。

8. 烧卖包好之后，放在蒸锅中，将烧卖蒸熟即可。

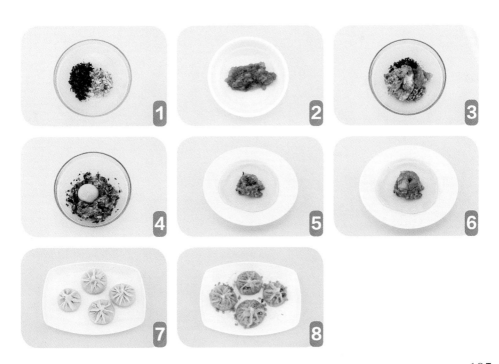

材料

- 去骨鱼肉一整片
- 鸡蛋 1 个
- 面包糠 1 小碗
- 白胡椒适量
- 黑胡椒适量
- 盐少许
- 食用油少许

开始吧！

脆脆煎鱼排

做法

1. 将一整片去骨的鱼肉切块，放入搅拌机中搅打成鱼泥备用。

2. 鸡蛋打成蛋液备用。

3. 鱼泥中调入白胡椒粉、黑胡椒粉、少许盐抓匀，腌制约15分钟。

4. 将腌制好的鱼肉捏成大小适中的鱼排。

5. 将鱼排一片片放入蛋液中，整片裹上蛋液，然后再均匀地裹上一层面包糠。

6. 平底锅倒入少许食用油铺满锅面，油六成热时，依次放入鱼排。

7. 等鱼排煎到两面金黄，筷子可插入鱼肉中部，即可捞出鱼排。

8. 盘上放上吸油纸，鱼排放在盘上吸油，即可食用。

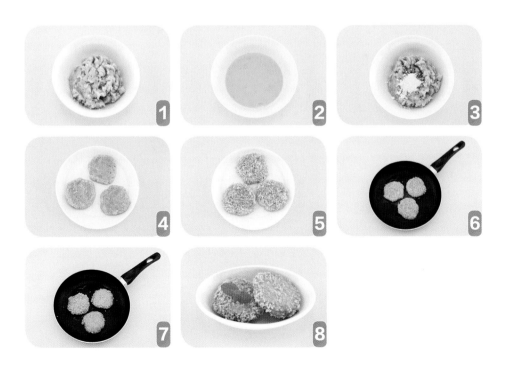

材料

- 大虾 6 只
- 大蒜大半头
- 香菜 2 根
- 柠檬半个
- 盐少许
- 橄榄油少许
- 黑胡椒粉少许

开始吧！

蒜蓉焗大虾

3岁

做法

1. 将大蒜去皮切成蒜蓉，香菜洗干净切成菜末。

2. 将大虾清洗干净，开背去虾肠，平铺在盘中。

3. 将大蒜、香菜倒入橄榄油中，加入少许盐，挤入柠檬汁，搅拌均匀。

4. 将制好的酱料填入虾背中。

5. 虾盖上一层锡纸，放入烤箱中层，上下火，180℃烤约15分钟，烤好后撒上一点黑胡椒即可。

材料

- 猪里脊肉 250 克
- 面粉 20 克
- 淀粉 50 克
- 食盐少许
- 蒜 2 瓣

- 番茄酱 25 克
- 白醋 15 毫升
- 白糖 25 克
- 植物油适量

开始吧!

糖醋里脊

做法

1. 猪里脊洗干净，剔去筋膜，切成小段，然后加入少许盐腌制片刻，蒜去皮切成蒜末。

2. 将面粉和10克干淀粉放入碗中，然后慢慢加入水调匀，搅拌成浓浆状态。

3. 将腌制好的里脊肉蘸上剩余的干淀粉。

4. 抖掉里脊肉表面多余的淀粉之后，再均匀裹上一层粉浆。

5. 热油锅，将包裹粉浆的里脊肉放入锅中，用中火炸到金黄色后捞起。

6. 接着将油继续加热到七成热，将里脊放入再炸1分钟后捞出。

7. 将锅中多余的油倒出，锅底留下少许油，放入蒜末爆香，加入番茄酱、白糖、白醋和少许清水炒均匀。

8. 酱汁烧开后，放入炸好的里脊肉，快速翻炒均匀即可。

201

材料

- 鱼肉 400 克
- 腐竹 50 克
- 香菇 5 朵
- 红椒半个
- 豆豉 1/2 汤匙
- 大蒜 2 瓣
- 姜 2 片
- 葱 2 根
- 蚝油少许
- 老抽少许
- 淀粉少许
- 盐少许
- 油 1 汤匙

开始吧！

豆豉腐竹鱼煲

3岁

做法

1. 腐竹和香菇用清水泡软。

2. 腐竹切小段，香菇去蒂切丝，红椒洗干净，去掉籽和蒂，切成菱片。葱洗干净，切成葱段。大蒜去皮，切成蒜片。

3. 将鱼肉切成块，洗干净之后，沥干水分，腌制15分钟，然后取出，擦干表面水分。

4. 鱼肉裹上一层淀粉。

5. 热油锅，将鱼肉煎到表面呈现金黄色，然后盛入盘中。

6. 热油锅，放入姜片、蒜片和豆豉煸炒出香味，再放入香菇片拌炒。

7. 倒入红椒片，炒匀。

8. 放入鱼块和腐竹段。

9. 取一个小碗，调入少许蚝油、老抽、盐和淀粉，调入少许清水，拌匀成芡汁。

10. 将芡汁淋入锅中，稍微焖煮一会儿，食材焖至熟透入味，撒上葱花即可出锅。

 材料

- 猪肉末 150 克
- 卷心菜 100 克
- 葱头 50 克
- 葱 5 克
- 姜末 5 克
- 植物油 40 克
- 酱油少许
- 盐少许
- 水淀粉 15 克

开始吧！

肉末卷心菜

3岁

做法

1. 将卷心菜切碎，放入沸水略微焯烫。

2. 将焯烫好的卷心菜盛入盘中，葱头切成碎末。

3. 油放入锅内，将肉末炒到变色后，加入葱姜末，调入少许酱油煸炒，再加入切碎的葱头和卷心菜。

4. 调入少许盐，翻炒均匀。

5. 用水淀粉勾芡。

6. 将炒好的肉末卷心菜盛入盘中即可。

材料

- 虾 300 克
- 西蓝花 200 克
- 菜花 200 克
- 鲜木耳 50 克
- 鸡蛋白（半个）
- 盐少许
- 姜 5 克
- 生粉 5 克
- 胡椒粉 3 克
- 植物油适量

开始吧！

双花蝴蝶虾

3岁

🍲 做法

1. 将西蓝花和菜花洗净备用。

2. 木耳温水泡发。

3. 虾剥壳取虾仁，放入姜片、蛋清、生粉、胡椒粉和少许盐，拌匀腌制5分钟。

4. 锅中烧开水后，加入少许盐和油，放入菜花、西蓝花和黑木耳焯一下，捞出沥干水分备用。

5. 锅中加入适量的油，将虾仁翻炒直至变色。

6. 加入焯烫好的蔬菜一起翻炒。

7. 食材炒熟后，调入少许盐和胡椒粉，炒匀即可盛入盘中。

作者简介

陈舒，公共卫生博士，研究方向为儿童营养。目前在澳大利亚科廷大学从事儿童营养与健康研究。新浪超人气育儿博主。

欧茜，儿科医生，重庆医科大学儿科硕士，具有 10 年儿科临床经验。曾就职于广州市妇女儿童医疗中心，现为新浪超人气育儿科普博主，《像我这样做妈妈——儿科医生育儿记》作者，智培儿科创始人。